ひめは今日も旅に出る

ALSと一緒に

そね ともこ 著
長久 啓太 編著

日本機関紙出版センター

はじめに

ＡＬＳ（筋萎縮性側索硬化症）と診断されて、三度目の春をむかえた。２０１６年秋に病気が確定したときには、想像できなかった未来だ。

美味しいものが大好きで、時間をつくっては女子旅に出かけ、ミニシアターで映画を楽しむ。それが私の日常だった。岡山県民主医療機関連合会(岡山民医連)に勤務し、仕事なのか生きがいなのか分からないほど、多忙な毎日だった。

そんな私の身体から、少しずつ自由が奪われていった。静かに、確実に。

生活は激変、仕事も辞めざるをえなかった。それでも、心は自由に、私らしく生きたいと思った。岡山の小さな町で夫と2匹の猫と一緒に暮らし、ＡＬＳになってもたくさんのサポートを受けながら、これまでどおり旅や料理を楽しんでいた。

そんな私のことを聞きつけた『民医連新聞』（全日本民医連発行）の方から、エッセイ執筆のお話がまい込んできた。ＡＬＳの当事者として私に何が書けるのか、まったく想像できなかった。友人に相談すると、ＡＬＳのことだけではなく、大切にしている日々の暮らしや楽しみ、そねともこを丸ごと知ってもらう機会にできたらステキかも、と背中を押してくれた。やってみよう、と決めた。

２０１８年4月2日号から２０１９年3月18日号までの1年間、計24回。毎回頭を悩ませながら、私らしく生きるための工夫や様子、旅のこと、そして闘わなければならなかったことを、書かせてもらった。この本は、そんな私の軌跡をまとめたものだ。

書籍化にあたり、連載では書けなかったわが家の猫たちのことを特別編として加えた。旅の写真も第2章で紹介。ふだんお世話になっているみなさんにも寄稿いただき第3章にまとめさせてもらった。『民医連新聞』のエッセイ担当だった丸山いぶきさん、そして関わっていただいた、すべてのみなさんに感謝したい。

２０１９年4月25日　そねともこ

＊エッセイのほとんどの読者は民医連職員や関係者だったため、連載のなかで民医連の説明は特別していない。全日本民主医療機関連合会とは、無差別・平等の医療をかかげ、健康は自己責任ではなく社会的な要因が大きく作用しているという健康観を重視し、その時々の社会問題や、医療制度・社会保障制度を改善する運動もすすめている組織である。また地域の人びとに支えられる身近な医療機関として活動している。全国47都道府県に加盟事業所がある。その連合体である全日本民医連は１９５３年に結成。

ひめは今日も旅に出る　目次

はじめに　2

第1章　ひめは今日も旅に出る　7

①ひめと呼ばれたあの日から　8
②一生分の涙　10
③それはいくらなんでも！の告知　12
④自分を取り戻すための試行錯誤　14
⑤新しい旅をおもしろがる　16
⑥笑顔も希望も、自分でつくる　18
⑦ピンピンコロリはやめられない　20
⑧やっぱり、愛はブーメランだった　22
⑨歴史を刻む街、ベルリンへ　24
⑩暮らすように旅したベルリン　26
⑪ありがとう❤おきなわ　28
⑫処方せんは、旅だ！　30
⑬いざ、お出かけ三昧　32
⑭相棒・ＭＯＭＯを得るまで　34
⑮明日もモーニングケアから！　36
⑯ようこそ、わが家へ　38
特別編　りくとりん　40
⑰ハッピーでいるための１歩　42
⑱歓喜の秋　44
⑲彼らの手を忘れない　46
⑳自宅で暮らしたい　48
㉑２０１８、ある闘いの真実　50
㉒困っていることはありませんか？　52

㉓変わらないね、がほめ言葉 54
㉔たくさんのご縁に感謝 56

第2章 やっぱり旅は楽しい！ 59

2017年2月7日〜15日 ベルリン 60
2017年3月28日〜30日 沖縄本島 62
2017年4月28日〜5月1日 青森 63
2017年5月20日〜22日 京都 64
2017年7月14日〜17日 函館 65
2017年10月7日〜9日 河口湖・富士山 66
2017年11月2日〜5日 しまなみ海道 67
2018年3月30日〜31日 京都 68
2018年5月1日〜6日 青森 69
2018年5月23日〜24日 山陰・松江 70
2018年6月23日 大塚国際美術館（徳島） 71
2018年7月13日〜17日 長野 72
2018年9月22日〜24日 奈良 73
2018年11月2日〜6日 沖縄本島 74
2019年3月15〜21日 沖縄本島 75
番外編 ともこランチ 76

第3章 そねともこを語る 77

自分の〝人生の物語〟をつくっている 難波 玲子 78
印象的だった行政との話し合い 末房直子 81
人間らしく生きていくための教科書 眞木高之 84
何も変わらない〝ひめ〟に救われて 塚玲子 87
曽根さんとの出会いが、臨床医になる覚悟を育てた 宗兼麻美 90
大事にしてきたことを、あきらめなくていい 長久啓太 93

おわりに 98

第1章

ひめは今日も旅に出る

ひめと呼ばれたあの日から

私は、ひめと呼ばれている。

そのことを知ったのは、沖縄で41歳の誕生日を迎えた2015年秋。早朝からキャンプ・シュワブ前の辺野古座り込み行動に参加し、大好きな伊江島タッチューが見える綺麗な浜辺にたどりついた。友人を追いかけて、砂浜を一歩一歩踏みしめながら歩き、腰を下ろそうとしたが、ドテっと尻もちをついた。しばし海を眺め語らったあと、さぁ帰ろうと腰を上げたが、うまく立てず、そっと両手をついて立ち上がった。友人に気づかれないように。

平静を装っていたが、頭の中は軽いパニックに。即座に、きっと運動不足だし、体力不足、睡眠不足、仕事のしすぎだから！と自分に言い聞かせて落ち着いた。

その夜、友人たちから思いがけないサプライズバースデーを受けた。感激のあまり、「もう思い残すことない」と答えていた。

あとでサプライズを仕組んだ友人がネタをばらしてくれた。にやにやしながら見せてくれたライングループ。その名も〝姫会〟。姫はなんと！　私だった。誕生日を祝うという理由にかこつけて、要は遊ばれていたのだ。少なからず衝撃を受けたが、みんなの愛を全面的に受けとめることにした。この日から、ひめと呼ばれるようになった。

このゆかいな仲間たちは、中四国にいる民医連職員で、医学生担当という仕事を通じて出会い、お茶やごはんに始まり、温泉につかり、旅に出かけた。時には沖縄の選挙応援に行くなど、日々の喜怒哀楽を分かち合い、切磋琢磨する大切な存在となった。

私は１９９６年、岡山県民医連事務局に入局。石の上にも3年を合い言葉に、気づけば看護分野と総務を12年間。やっぱり民医連ってすごいかもと思い始めた頃、医学生担当に。それから怒涛の8年を過ごし、気がつけばあっという間の20年だった。我ながらよくがんばったと祝ったものの、残念ながら過去形になってしまった。

ひめと呼ばれたあの日から身体に生じた違和感は、やがて私に大きな変化を強いた。それは、新しい旅のはじまりでもあった。

一生分の涙

沖縄での違和感から、2015年の冬、ダイエットと体力づくりを目的に水中ウォーキングを始めた。でも、あれ？がいっぱいだった。立っていられず座って着替え。腕が上がらず肘を立ててドライヤーを使うなど。疲れすぎるにもほどがあるとガッカリし、頓挫。

さらに。階段で息切れ。歩きにくい。つま先が上がらずつまずく。分厚い会議資料がもてない。ペットボトルがあけられない。中ジョッキをもち上げられない。うまく文字が書けない。鍵を回せない典。日常生活にも支障をきたすようになった。

2016年6月、元海兵隊員による女性殺害に抗議し追悼する沖縄県民大会に参加した。立ち寄ったパン屋の前でよろけて転び、

しばらく立ち上がれず友人を困らせてしまった。バレないようにしていたが、ついに勘づかれ、「原因がわかれば治療法があるはず。まずは受診してみよう」という彼女の言葉に背中を押され、帰ってすぐ神経内科を受診した。

しかし検査を重ねても異常はみられず、大学病院に紹介となった。９月末、筋電図検査を受けたのち、外来で「恐らく神経の病気、下位運動ニューロンに異常がみられる」と伝えられた。否定されることを願ってある病名を聞いた。「ＡＬＳですか？」。

「その可能性もあるため、検査入院が必要」と告げられた。症状からＡＬＳだと勝手に確信し、愛車に乗り込んだ途端、ぽろぽろ涙があふれてきた。もう元の身体には戻れないんだ、壊れてゆく身体とともに過ごしてきた1年あまりの記憶と感情が蘇り、拭っても拭っても涙が流れた。

その夜、夫に報告すると、「あっそう、わかった。で、入院はいつ？」と拍子抜けするほどあっけなかった。ことの重大さがわかってる？と心配したが、逃れられない現実に正面から向き合う彼の前向きな冷静さが、私を現実に引き戻してくれ、逆に救われた。

一生分の涙を流し終えたかのように、あとにも先にも、ここまで大泣きしたことはない。10月はじめ、仕事上の引き継ぎを押しつけ、入院。検査の日々が始まった。

それはいくらなんでも！ の告知

ＡＬＳの疑いありと宣告を受けた２０１６年10月、人生初の入院生活を過ごした。目まぐるしく変化していく身体と環境に、心折れそうになること数知れず。大学病院での３週間は、これまでの人生をギュギュッと濃縮させた、嵐のような日々だった。

検査入院当日、緊張しながら病棟を訪ね一番安い多床室へ。私のベッドに見覚えのない主治医の名前が。看護師さんが、知らなかったんですかと言わんばかりに、入院中の主治医は外来で診察した医師とは違うと説明。どきどきしながら午後から問診や血液検査等を終えたが、待てども待てども主治医現れず。初日終了。

翌朝、看護師さんに主治医にご挨拶したいとお願いし、ようやく慌てた様子で主治医現れる。はじめましてのご挨拶のあと、病状説明、入院計画の説明を受けた。

３日間にわたり、いくつもの痛い検査、呼吸や嚥下機能の検査も受けたのち、夫、私の両親も同席し、検査結果を聞いた。主治医はインフォームドコンセントと書かれた資料を配布し読み始めた。予想通り、ＡＬＳだった。

ビックリしたのはALSだったことではなく、その告知のあり方だった。主治医は、ALSの進行に伴い身体の自由が奪われていくという、病気の説明を淡々と続けた。励ましの言葉もなし。これが告知なの？　と疑問に思いながらも、私の頭のなかを占拠していたのは、現状維持をしながら退院後の生活をどうするか？　だった。

主治医の話は、この問いに応えるどころか、ほんの少しの希望さえも見つけることができず、次第に苛立ち始めた自分に気づいた。そこで、せめてALS患者に必要なサポート、退院後の生活を考慮し、活用できる制度なども含めて教えてほしいと要望し、一旦終了した。

退出しようとしたとき、分からないことがまだ分からない私を、さらに逆撫でした看護師さんの「分からないことがあったら何でも聞いてね」。このひと言に、閉まりかけていた心のシャッターが完全に下りてしまった。

ひめは今日も旅に出る④

自分を取り戻すための試行錯誤

ＡＬＳはまだ治療法がない。診断翌日から引き続き入院し、進行を緩やかにする効果が期待される唯一の薬（２０１５年保険適用）を14日間点滴投与することになった。

医学生担当という仕事柄、主治医へのお節介心がわき、難病患者に必要なサポートを考えてもらう機会になればと思い立った。介護保険を申請できるだろうか、特定疾患医療受給者証の申請をしたい、落ち込んでいる両親へのフォローを一緒に考えてほしい、と何かと主治医にもちかけた。

主治医はソーシャルワーカーに丸投げして済ませるのではなく、真摯に対応できる真面目な医師だった。誠実に応えようとする主治医の姿勢に、ほんのすこしだけ救われた思いがした。

入院生活は予想以上に過酷で〝いつでも元気〟とはいかなかった。大学病院では、どこからきて何をしていたのか、そんなことはおかまいなしの、顔のない患者として扱われているような感覚が拭えなかった。民医連育ちの私からすると、医療観、患者

観が違えば、アプローチもゴールも違うのだと、身をもって実感した。そもそも医療とは、看護とは何だろう？と考えこんだ。

入院２日目に転倒したことで、移動は車椅子、しかも病棟内のみに限られ、突然移動の自由が奪われた。朝７時から始まる点滴、昼間のリハビリ、その合間に入浴や着替えの介助を母や妹に手伝ってもらう。急に誰かのお世話になる生活が始まった。

身体と環境の変化が一気に進むなか、何とか平穏な自分を取り戻そうと、これまでのお気に入りの生活を貫き、居心地の良さを追求することに専念した。私のリクエストに応え、あれこれ抱えて病室通いをがんばった夫。週末ごとの院内カフェ。外食イタリアンに連れ出してくれた友人たちとのお喋り。ごくごく普通の日常が急にご褒美に思えた。

とりわけ、早朝の病室から時々見える美しい朝焼けは、私への何よりの贈りものだった。よし！心は元気、まだ大丈夫と、朝が楽しみになった。

新しい旅をおもしろがる

ＡＬＳとの診断を受け、身体の不調の原因がやっと解明されてすっきりした。じつは不思議なくらいの安堵感を覚えた。

思い通りに身体が動かないのに、検査を重ねても診断が下ることがなかった。そんな不安だらけの暗闇からようやく抜けだせる。気のせいでも、不摂生でもなく、晴れて病気だと説明できる。治療法はないにしても、今後の対処の仕方を研究したり、心の準備もできる。やっと一歩踏み出せる。晴ればれした気分だった。

そんな私とは対照的に、「残念だけどＡＬＳだった」と大切な人たちに話すと、決まってみんな涙を流した。ふたりの妹たちは大泣きし、ごめんと謝る私に謝る

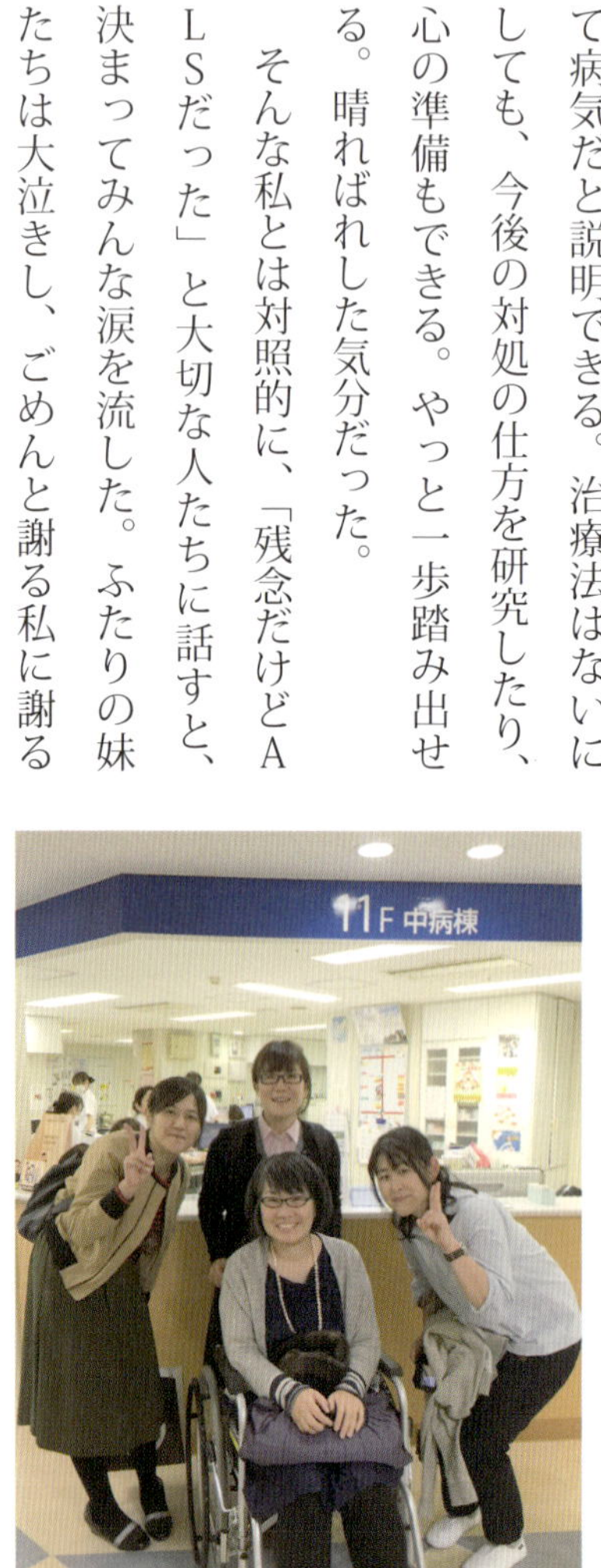

なと怒った。受診を勧めてくれた友人も目が腫れるほど泣き、ユーモアあふれる書道の師匠も号泣。とにかく、みんなを泣かせてしまう。

この経験が病の公表を一瞬躊躇させた。しかし、いずれ私にも夫にも日常生活に制限が生じる。ごまかしながらお付き合いできる病気でもなく、家に引きこもるつもりもない。これまで通り人生を楽しみたい。周りの方々の力をお借りしながら、心豊かに過ごしたいと考え、病を公表した。ただし、伝え方を口頭からお手紙に変更して、ゆっくり時間をかけて受けとめてもらうことにした。それでも、やっぱり再会した時は涙がつきものだった。

病気のことを話すことで、私はちょっとずつ心の整理ができ、だんだんと気持ちが軽くなっていった。入院中、遠方の友人が週末ごとに現れ、コーヒー片手にお喋り。泣いたり笑ったりしながらも、そのお喋りがいろいろなことに気づかせてくれた。

私にとって、民医連で働くということは、削ぎ落とされてきた人間らしさを獲得し直す道程であった。未来の自分を模索しながらの学びと多くの出会いが、告知後の私を支えてくれていると実感する日々だった。新たな人生設計を余儀なくされたが、これから始まる新しい旅をおもしろがって歩もうと決めた。自分に言い聞かせるように、とにかくそう決めた。

ひめは今日も旅に出る⑥

笑顔も希望も、自分でつくる

退院に備えて、入院中に介護保険を申請。認定調査まで済ませ、狭いわが家に介護用ベッドを搬入し、いざ退院。

２０１６年11月、職場の理解を得て仕事に復帰。ほどなく要介護２という通知が届く。ケアマネさんと顔合わせして、浴室に設置するバスリフト、長距離歩行が困難になってきたため車椅子をレンタル。まだ先だとたかをくくっていたが、あっという間に介護保険のお世話になる。

案の定、入院中の体力低下とＡＬＳの進行が重なり、これまで通りの日常生活を送るだけで疲れ果ててしまう始末だった。着替え、身じたく、車の運転、３階の職場までの階段、仕事、買い物、料理、入浴、排泄。難なくできていたことが、ひとつまたひとつと、できなくなっていく。切なかった。つねに誰かの介助なしには生活が成り立たない。ついこの間まで、自分の思う時に思う場所へ、フラフラと出掛けていたのに。急激な身体の変化に驚愕しながら、人体の神秘さを感じずにはいられなかった。

仕事はそれでも続けたかった。まだやり残したことがある。何より仕事のない生活が想像できなかった。ALSに24時間支配される生活が怖かったのかもしれない。ほんのひと時でも、ALSのことを忘れたかった。

同時に、私の生活からあらゆる自由がなくなっていく寂しさや不安に押しつぶされそうになった。この頃には早くも呼吸苦が出現し、睡眠時に人工呼吸器（NPPV）を装着するようになった。頭の片隅では時間は有限とわかっていたが、急に人生に限りがあると突きつけられた。一日一日が愛おしく、生きることの意味を噛みしめる日々。

確かにALSは残酷な病気だ。でも、ALSに支配されて冴えない顔で過ごすのはまっぴらゴメン。ALSとともに生きていくために必要なのは笑顔と希望。私が希望を持ちながら笑顔でいるために、やりたいことリストを作成した。

もうすぐ、きっと、ALSは治る病気になると信じている。6月21日は世界ALSデー。

ひめは今日も旅に出る⑦

ピンピンコロリはやめられない

今後の目標は？　と問われ、ピンピンコロリ！　と即答する私を、夫も友人も、ちょっとそれはもう無理だわ、と笑った。しかし、身体は不自由になっても、心がピンピンしていれば、きっと自分の人生を愛することができる。どんなに笑われても、私の大事な目標だ。

そのために、数少ない趣味を思う存分楽しむことにした。私の趣味はたったの二つ。お料理と旅だ。

お料理は、ヘルパーさんにお気に入りの旬の味を伝授して、作ってもらうことにした。うちで作ったら子どもが大喜び、利用者さんに大好評だったわと、私の簡単野菜レシピが大人気。今日は何つくる？　とヘルパーさん相手に、お料理教室さながらの毎日。私が食べたいものを作ってもらっているだけなのに、思いのほか喜んでもらえるなんて。ほくそ笑む私。

旅は、眺めたい風景、訪れたい街に、ともかく出かけることにした。２０１６年11月、

42回目の誕生日祝いも兼ねて、夫と宮古島へ。その昔、通いつめた沖縄の離島のなかでも、宮古ブルーと言われるほど美しすぎる海がいっぱい。その海をゆったり眺めながら、のんびり過ごした。

まだ自立歩行できたが、長距離は困難になったため、初めての車椅子旅行。空港やホテルも含め、不便さを感じることはなかった。しかし、車椅子の私に向けられる視線の多さに驚くとともに、どこに行っても周りに謝ってばかりで気疲れした。

12月は女子旅。もうひとつのお気に入り、青森へ。幾度となく女子旅を楽しんだ青森は、豊かな自然と文化、豊富な温泉と食の恵みを堪能できるのが魅力。現地で大切な友人との再会も果たした。大浴場で背中を流してもらい、温泉に一緒に浸かり、いつものごとく笑い転げた。

車椅子の旅も2回目。少々の視線に動じることなく、雪の青森を満喫した。帰りの機内でみた、夕陽に照らされた富士山の美しさも忘れられない。

ＡＬＳでも旅を楽しめる！という自信につながり、帰り道に来春の旅相談。がんばれ、私のカラダ。春よ、早くこいこい♡

ひめは今日も旅に出る⑧

やっぱり、愛はブーメランだった

退院後、体力の続く限り仕事を続けた。不在中のお詫び行脚と残務整理で手一杯だったが、これをやらなきゃ休職できないと決めたことが一つだけあった。それは医学生担当としてお付きあいしてきた医学生へのご挨拶。一人ひとりに時間をつくってもらい、私の痩せた手を広げて、難病のＡＬＳになったことを告げた。

大学病院と民医連の違い。診断が下らないことの大きな不安。入院生活のエピソード。病人も社会の中で生きている人間、生活を忘れないで。治らない患者の生をささえるケアが必要。学生時代にたくさんの喜怒哀楽を味わい人間力を蓄えて・・・。患者として感じたままに話し、病む人に伴走できる医師になってほしいと伝えた。

衝撃のあまり言葉少なかった学生もいた。大切なものをたくさんありがとう、ちゃんと話してくれてうれしい、がんばって患者に寄り添える医師になりますと、それぞれに受け止めてくれた。うれしかったと同時に、最後の仕事を終え、ほっとした。

職場復帰から2カ月ほどたった２０１７年1月、休職に入った。彼らとはその後もメールで交流を続けた。

Aさんは、「いただくメールからエネルギーをもらっています。もっとがんばろうという気持ちになります。本当は僕がエネルギーをもらう立場ではいけないのですが（笑）」と届く。できないことだらけの私でも、誰かの一歩につながるのかも！と気づかせてくれた。

Bさんは、「本人と家族で決めた選択がその方にとっての正解だと思う。人工呼吸器をつける選択もつけない選択も、勇気ある素晴らしい選択」と素敵なエールを贈ってくれた。これまで選択を迫られる言葉しか聞いたことがなかった私は、彼のこの言葉に出会え、自由になれた。

Cさんは、「命はいつか必ず尽きるもの。不可避な悲しみをいかに温かく迎えるか。温かい悲しみとするために自分のできることを追い求めたい」と語った。医師になった彼に会いたい。私がどう生き終えるか、見届けてほしいと願った。

彼らへの愛は、ブーメランのごとく私に返ってきた。

ひめは今日も旅に出る⑨

歴史を刻む街、ベルリンへ

最後の海外旅行になるかもと思いながら、2017年2月、念願のベルリンに旅立った。

ベルリンはどこもかしこもアートがいっぱい。街の中心部に突如現れる広大なホロコースト記念碑のほかにも、路上のいたるところで大小さまざまなモニュメントに出会う。その多くはたいした説明もなくひっそりたたずんでいる。

ベルリンっ子でにぎわうショッピングモールの入り口に、探し求めていた躓きの石（ナチスの犠牲になった人の記録）を発見。ユダヤ人を強制収容所に運んだ記録を、駅のホームに刻み込んだグリューネヴァルト駅17番線。クラッシックを楽しもうと出掛けたベルリンフィルハーモニーホールの前には、ナチスが障害者を抹殺したＴ４作戦を記録したプレートがズラリと並ぶ。

日本語堪能な博識ドイツ人に何日か案内をしてもらったが、ベルリンでは資料館などに入館せずとも、一歩街に繰り出せば、第２次世界大戦や分断された東西ベルリンの悲劇、加害の事実と向きあえる。街のなかに戦争の記憶が刻み込まれ、日々の暮らしと過去がつながっている。

ホロコースト記念博物館やユダヤ博物館は建築物としても斬新だった。アートが生みだす不思議なエネルギーに圧倒されつつ、想像力をかき立てられながら学べることが大きな魅力。ドイツの戦争や歴史に対する毅然とした姿勢が端々に感じられ、日本との違いをケタ外れに実感した。

思い起こせば、ＡＬＳ告知を受けてすぐに友人とベルリン行きを決めた。その後、あっという間に車椅子、人工呼吸器導入。恐る恐る主治医に相談すると、背中をどんと押してもらえ、あきらめずにすんだ。ポーランドのアウシュヴィッツ強制収容所跡を訪ねて以来、いつかベルリンの記憶の文化をたどる旅をしたいという願いがかなった。主治医をはじめ多くの方々が、楽しんできてねと笑顔で送り出してくれたことに、心から感謝する。

ひめは今日も旅に出る⑩

暮らすように旅したベルリン

ベルリン出発まであと2週間となったある日。日中の呼吸苦が出現したため、急遽主治医と相談。人工呼吸器（ＢｉＰＡＰ）を持参することにした。懸案だった長時間フライトは無事に過ごせたが、水分摂取を控えたツケは便秘となり、腹筋が弱くなった私を苦しめた。

日中でもマイナスの極寒だったベルリン。歴史や文化、芸術に触れながら、街をぶらぶら歩き、カフェで暖まり、電車に乗り、スーパーや雑貨屋をめぐり、ゆったりのんびり暮らすように過ごした。

お宿はバリアフリーのキッチン付きアパートメントタイプ。ダイニング、素敵なソファーもある広々としたお部屋で、車椅子の私もくつろげた。ランチはレストランでドイツの定番料理を味わい、朝と晩はスーパーなどで買い出し、友人の手料理。私のお気に入りはビール、ウインナー、チーズ、ヨーグルト。豊富な種類と安さ、その美味しさにクギづけ。現地の食を満喫した。

介助があれば立ち上がりと歩行ができたので、トイレも時間がかかる以外は問題なし。こじんまりしたレストランでも広い多目的トイレがあったり、公衆トイレの多くは有料だが多目的トイレは無料で、障害者への配慮を感じた。ホテルでシャワーチェアーを借りて、安全にシャワー浴もできた。

電車での移動も簡単。日本のような改札はなく、エレベーターひとつで地上からホームに到着。電車とホームの段差は介助があれば問題ない程度。自転車を持って乗り込む人、お散歩中のワンちゃんも電車のなかに！

そっと気遣ってくれたり、お手伝いしていただく場面にたびたび遭遇。一期一会の出会いに心もほっこり。そして夫同伴の女子旅のおかげで、感動や楽しさは大きく膨らみ、不安は激減した。９日間におよぶ珍道中のあれこれをわかちあえ、笑いの絶えない、最高の旅だった。

しかし、ああしかし。帰国後に、これまでにない地獄の苦しみが私を待ち受けていた。

ひめは今日も旅に出る⑪

ありがとう❤おきなわ

ベルリンから帰国後、歩行困難が顕著になった。通院から近所の神経内科クリニックの訪問診療に切り替える。その新しい主治医になかばあきれられながら、2017年3月末、沖縄に飛び立った。というのも、3月はじめに風邪をこじらせ、激しい呼吸困難に陥り、以降24時間人工呼吸器装着となったばかり。予想より早く生命の危機に直面し、驚いた。痰がからみ、想像を絶する呼吸苦を経験。気が遠くなるほどの苦しさに、生きる気力を失いかけた。

この苦しい体験が、私を旅に駆り立てた。

少し回復しはじめると、ベッドでじっとしていられなかった。予定していた沖縄旅を短縮したものの、美しい沖縄の海をもう一度眺めたいという思いは変わらず、夫、友人とともに〝決行〟した。不測の事態に備え、主治医

からの紹介状を握りしめて。

　沖縄に到着すると、咳も痰も鼻水もしだいに治まった。ブーゲンビリアに囲まれ、青く輝く美ら海や夕焼け空を眺めながら心地よい風に吹かれていたら、食欲も湧いてきて。お気に入りの食堂を訪ね、おばぁの料理にほっと和んだ。ホテルのバーで久しぶりにノンアルコールカクテルもたしなんだ。

　翌日、辺野古の海を訪ね、強引な埋め立てがすすめられている大浦湾をこの目に焼きつけた。海に沈められたのは、沖縄の自由と民主主義のように思えた。キャンプシュワブ前であらがう一人になりたかった。またここに戻ってくると心に誓い、車内から手を振って声援を送った。

　ほんとに不思議。沖縄では、あんなに苦しかったことが嘘のように体調が安定し、生きる喜びをかみしめた。病気のことを忘れて、身も心も解放された。暖かい気候やリラックス効果の影響もあるが、身体は正直に反応し、元気になって帰ってきた。

　呼吸器をつけていても、旅も人生も楽しむことをあきらめなくていいよ！　と自分の身体から教えられた。

　これを境に、そのときの身体の状態にあわせ、工夫や準備をしながら旅をプランニング。やめられないとまらない旅三昧がはじまった。

処方せんは、旅だ！

新しい主治医は、神経難病の訪問診療を中心にされている女性医師。口は悪いが優しい先生だと紹介された。小柄で細身のどこからそのエネルギーが湧くのかと思うほどパワフル。そんな神経内科クリニックは、ラッキーなことにわが家から車で3分のご近所さんだった。

診断から半年後の２０１７年3月、24時間人工呼吸器装着となった。最後に呼吸筋が弱まると思っていた私には衝撃だった。痰と格闘した数日間のベッド安静生活で、ＱＯＬはガクンと落ちた。ポータブルトイレになり、リフト入浴はシャワーチェアーでシャワー浴へ。食事も口腔ケアも介助が必要に。立ち上がりも次第に困難になり、スカイリフトというリフトが手放せなくなった。訪問看護・リハビリも導入。要介護5、障害者手帳1級に。

唯一、嚥下機能の進行は遅く、美味しいものをパクパク。達者なお口で人を動かし、ますます姫度アップ。ＡＬＳから連想する痩せた身体からはほど遠く、久しぶりに会う方々から、思ったより痩せてない！と笑われるほど。

24時間人工呼吸器装着になると、進行を緩やかにする効果が期待される点滴は対象外になり5クールで終了。点滴治療を唯一の希望に思っていた母はうろたえた。追い打ちをかけるように、ＡＬＳになってしまったのは運が悪いとしかいいようがない、と主治医が話した。さすが神経難病のスペシャリスト！　超越している、紹介通りだわと私は笑った。しかし、何の治療も薬もないなんて残酷すぎると母は涙した。数日後、母は突発性難聴になった。片道40分かけてわが家に通い、夫が不在になる日中の介護を担っていた母の負担を軽減するために、ヘルパーさんの時間を増やしていった。

リハビリをしても少しずつ筋肉が減り、動かなくなっていく身体。悶々と過ごす中でひらめいた。ナチュラルキラー細胞活性化だ。笑いとワクワクドキドキで、免疫力をあげにあげる。

やっぱり旅だ、これっきゃない。

いざ、お出かけ三昧

思い立ったが吉日！　がモットーの私だが、重度障害者になると、さすがにそうもいかない。とくに旅支度には手間と準備と時間とお金がかかる。例えば飛行機に乗るためには主治医のお墨付きの診断書やもろもろの手続きが必要。それでも、「行けるときに行っとこう」を合言葉に、友人、家族との時間を楽しむ旅が始まった。

２０１７年４月末、青森へ。念願だった弘前の桜をたっぷり愛でる。そして幸運なことに弘前城のお堀を埋め尽くすピンクのじゅうたん（花いかだ）に遭遇。圧巻のひと言。

おいしい青森の食の数々を堪能しながら、残雪残る岩木山と弘前城を横目に、満開の桜を眺めながら歩いた弘前公園のお散歩は、すがすがしい春を全身で感じる至福のひと時だった。

５月、京都へ。青もみじをはじめ、新緑のみずみずしさと生命力にエネルギーを貰う。バリアフリー完璧な永観堂の、青もみじに囲まれた池に咲くハスの花。カキツバタの庭園は、ずっと眺めていたいくらい素晴らしかった。京都在住の姪っ子や友人たちとの再会も果たし、心あたたまる大きな励ましをいただく。

７月、函館へ。朝から晩までおいしいものを大満喫し、にんまり。美しい夕焼けや雄大な景色にほれぼれ。バリアフリーホテルで、シャワーチェアーのまま露天風呂に浸かる。女子３人がかりで挑戦し大成功。人工呼吸器をつけたまま、ポカポカいい気持ちが続くしあわせを味わう（湯ぶねに浸かるのは４カ月ぶり）。本当にうれしかった。

旅での豊かな時間が、日々の暮らしを愛おしむ力になった。さあ、今日も笑顔で。

ひめは今日も旅に出る⑭

相棒・MOMOを得るまで

このエッセイはスマホにタッチペンで書いている。それを可能にしているのが、上肢補助具・MOMO。ますます不自由になる身体の機能を補助具でサポートできないかと、探していたなかで出会った相棒だ。

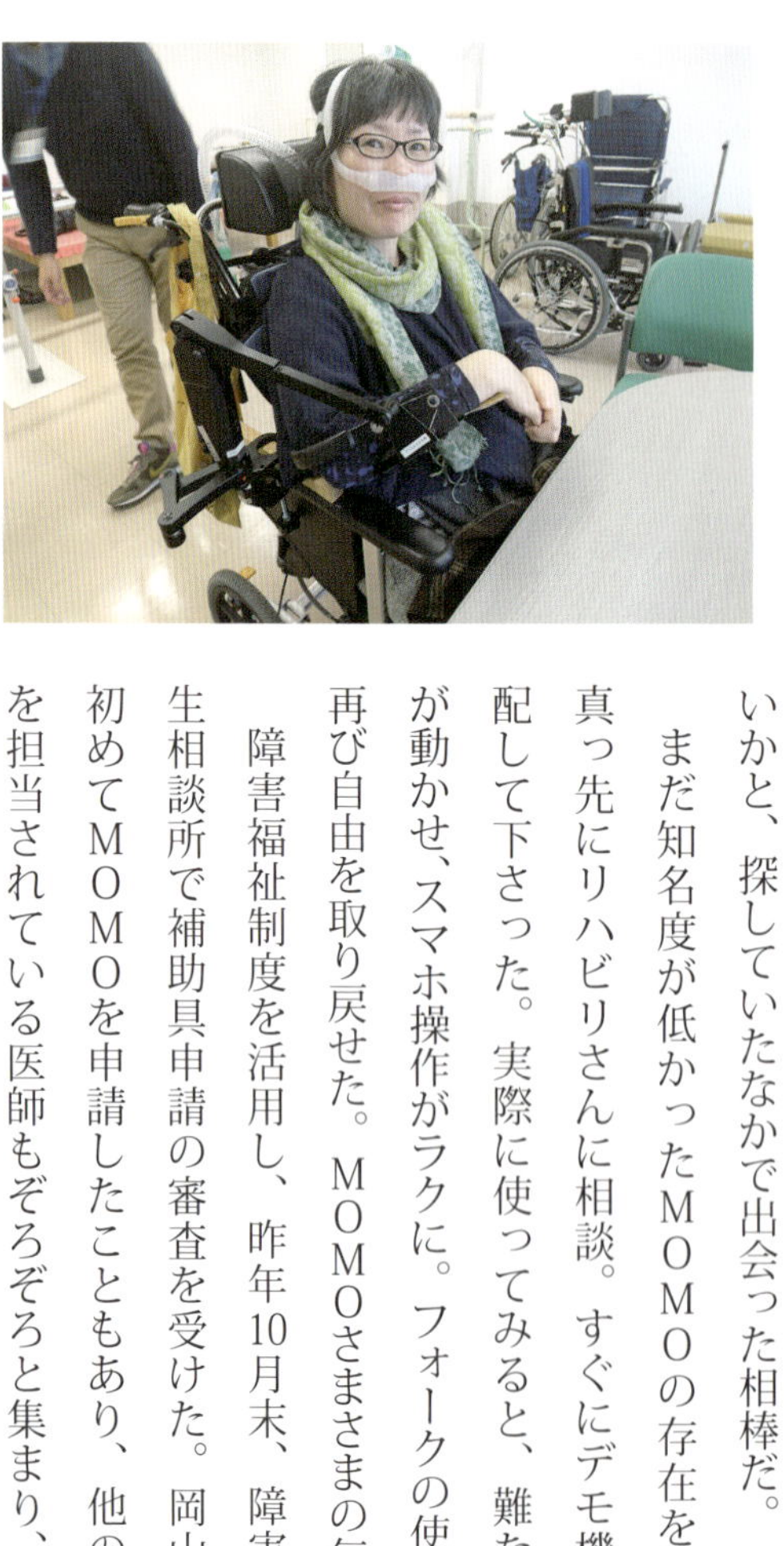

まだ知名度が低かったMOMOの存在を知り、真っ先にリハビリさんに相談。すぐにデモ機を手配して下さった。実際に使ってみると、難なく肘が動かせ、スマホ操作がラクに。フォークの使用も。再び自由を取り戻せた。MOMOさまさまの毎日。

障害福祉制度を活用し、昨年10月末、障害者更生相談所で補助具申請の審査を受けた。岡山県で初めてMOMOを申請したこともあり、他の審査を担当されている医師もぞろぞろと集まり、審査というよりプレゼンタイムの様相に。緊張しながらＭＯＭＯをアピールしようと待っていた私はほとんど発言することなくあっという間に終了。使い心地やどんなことがしたいかなど、利用者本人の声に興味を示さない医師の姿勢に呆れた。業者の方から、「申請してくれたおかげ。ありがとう！」と感謝されたが、なんだか釈然としなかった。

そんな審査だったが、医師から補助具使用は適切と判断が下り、わが町の最終判定もクリア。本人は1割負担で購入、残る９割は公費助成。それでも３万７０００円とお高い買い物だった。

こうして活用できる制度や、療養上必要な情報も基本的には自分で調べている。日本は見事なまでにすべて申請主義だ。そして申請時には必ずマイナンバーを求められる。そうしてこちらの情報をつかむわりに、お役所からはなしのつぶて。動きにくくなる身体であれこれするのは体力的にも、精神的にも大変。少なくとも、障害者手帳1級、特定疾患のあなたはこんな制度が適応になります、申請書類はこれですよ、などの具体的な情報提供があれば、かなり負担が軽減される。同病者どうしで情報交換することも大事だが、患者さんとの会話の中でニーズを掘り起こし、必要な情報につなぐことも医療者としての大事な仕事だと実感した。

ひめは今日も旅に出る⑮

明日もモーニングケアから！

ひめの主たる介護者でオットの、長久啓太です。岡山県労働者学習協会という団体で働いています。10月上旬、ひめ（以降は相方と書きます）が体調をくずし、ピンチヒッターをつとめます。

「これまで、不条理な社会に抗いながら、それぞれが求められることに全力で向きあうというスタイルで歩んできました。バラバラ夫婦とも言われてきた私たちですが、おたがいを尊重しつつ、かなり自由にやってきた人生でもありました。これからは、今まで以上に、2人の人生の質を高める期間にしていきたいと思っています」。これは、相方がALSと診断された1カ月ほどあと、ブログなどに報告した文章の一節です。

お互い好き勝手に生きてきましたし、相方からは「テキトー啓太」と揶揄されている私。でもこのテキトーさが、病気や介護生活に向きあう力と柔軟さになっていると、今は思います。以前とくらべ生活は激変。仕事量を減らし、自分の時間もとれなくなりました。増えたのはお酒の量。ワンオペ介護でシンドクなることもあります。でも、楽しいことを追求すること、不条理なことはスルーしないこと、人とのつながりを大切にすることなど、私たちが大事にしてきたことは、病気になってからも変わりません。多くの人にささえられて、猫に癒やされ、日々を生きています。

今年8月、介護者が元気でないと良い介護はできない！を理由に、秋田県に「レスパイト旅」へ。レスパイトは、ふつう在宅療養のひとが施設や病院に入り、その間介護者が休息をとる形が多いですが、相方にその選択肢はありません。ならぼくが出て行こう！とわが身解放の旅へ。貴重な自分時間に。許してくれる相方、サポートしていただくみなさんに感謝です。

介護力も日に日にアップ。訪問看護師さんやヘルパーさんに「長久さんすごく手際がいいですね！」と驚かれます。いまや、介護も看護も語れる学習運動の講師・活動家になりました（笑）。明日も、モーニングケアから！

ひめは今日も旅に出る⑯

ようこそ、わが家へ

生きるって大変だなぁと、身体が不自由になればなるほど実感する。たくさんの人のささえがなければ私の生は成り立たない。すてきな未来を描くための前向きな思考も含めて。

お久しぶりの方から新たなご縁で出会った方も、わが家に来訪して、多彩なスタイルで私を元気づけてくれる太陽のような存在だ。

日々かわるがわるお世話になるヘルパーさん。食べる喜びを最大限に楽しめるように、盛りつけや器にもこだわって準備してくれる。カフェのランチみたい！と自画自賛（76ページ参照）。

ご近所さんが、キムチ作った、桃や葡萄がなった、お花が咲いたと届けてくれる。ふらっと寄っておしゃべり。忙しい夫にかわり庭の片付けまで。

母と同い年の元気印の大先輩。ほぼ毎月、わが家でランチ会をしてくれる。時には手浴や足のマッサージ。訪問看護師さんとシャワー浴の介助も。さすが元看護師さん。

母もおしゃべり弾んで楽しそう。

医学生時代からのお付きあいが続く女性医師たち。医学生委員会の活動もともにがんばってきた。おしゃべりとまらぬお茶会、クリスマス会など、美味しいものを囲んで、楽しいひと時はあっという間に過ぎていく。それぞれのリスタートに胸が熱くなる。

韓国スタディーツアーの仲間たちもわが家に集結。同窓会と称して、友人たちの三線ライブに始まり、気づけばうたごえ喫茶に様変わり。喉がかわいたあとは、倉敷美観地区のビアガーデンにご案内。暮れゆく大空のもと、いただく生ビールの美味しいことこの上なし。

叔母からの絵手紙、友人から届く季節ごとの素敵なリースや各地の美味しいご馳走にも胸いっぱい。

外出ままならず、仕事からも退き、私の歩む世界は狭く小さいと思っていた。でも、知らなかった世界から見える景色は新鮮。たくさんの人のおかげで、彩りに満ちた人生になっていく不思議。大切なものは目に見えないってほんとだ。

特別編　りくとりん

猫は自由だ。

暑いときも寒いときも、居心地のいい場所を見つけてはすやすや眠る。お腹がすいたら人間におねだり。夜になれば私のベッドの上でどべっと寝ても、朝になったら知らんぷり。名前をよんでもちっとも寄ってこない。それでも私にとってはたまらなく愛しい存在だ。

わが家には、りく（7歳）とりん（5歳）という雄猫がいる。同じ柄のため兄弟のように思われるが、彼らはそれぞれ拾われ猫である。りくは、讃岐生まれ。凛々しい顔立ちで、プライドが高い。夫以外には興味がない。りんは岡山生まれ。保育園で保護されたせいか、社会性があり人懐っこい。そして食いしん坊である。

在宅療養を始めてから、ヘルパーさんたちはじめ、いろいろな人たちが訪れるようになったわが家。最初は猫たちも人に慣れず、隠れたりしていたが、いまで

りん

は新しい人がくると必ず出迎えてご挨拶。とくにりんは、愛嬌をふるまってヘルパーさんたちの寵愛を受けている。そんなわが家は猫カフェのようだと言われることも。

７年前。りくとの出会いが私の猫人生のはじまり。それまでは犬派だったが、夫がどうしてもりくを引き取りたいと言い張って飼いはじめてからは、一気に猫派に転身した。自由気ままでいながら、凛としたたたずまいがうらやましく、惚れ惚れするほどだ。

２年後にはりんが加わり、いまや私と湯たんぽを奪いあう仲だ。そしてますます猫が好きになった。性格がまるで違う２匹だが、ある日、私が助けてーとＳＯＳの声をあげたとき、どちらもすぐさま駆け寄ってきてくれ、何ごとかと心配そうにニャニャニャと夫を呼んでくれた。猫にとっても家族なんだなあと嬉しく思った。

猫好きが集まるのか、わが家に通っているうちに猫好きになるのかわからないが、ともかくわが家の話題の中心に、いつも猫がいる。りくとりん、本当にありがとう。

りく

ハッピーでいるための1歩

ＡＬＳの進行にともない私の介護が重くなるにつれて、介護をする側のカラダもココロも負担が増える。そうなると、日常生活を無事に過ごすことだけになりがち。介護者が元気じゃないと、私の過ごしたい日常生活はままならない。やりたいこと、相談したいこともすすまず、焦る気持ちが風船のように大きくふくらむ。

一方で、夫は仕事して帰ってきても、お休みの日も、わが家でワンオペ介護が待ちうけ、気の抜けない毎日を積み重ねている。ストレスフルなことを強いてゴメンと感じずにはいられない。

母には母の人生があるのに申し訳ないと引け目を感じながらも、母の協力がなければ成り立たない在宅療養にやり切れないもどかしさも感じる。

カラダもココロもゆとりがないと、大切なことを前向きにちゃんと話しあうのは難しい。自分にも優しくなれない。

私ももちろんハッピーでいたい、介護する家族もハッピーでいてほしい。お互いの

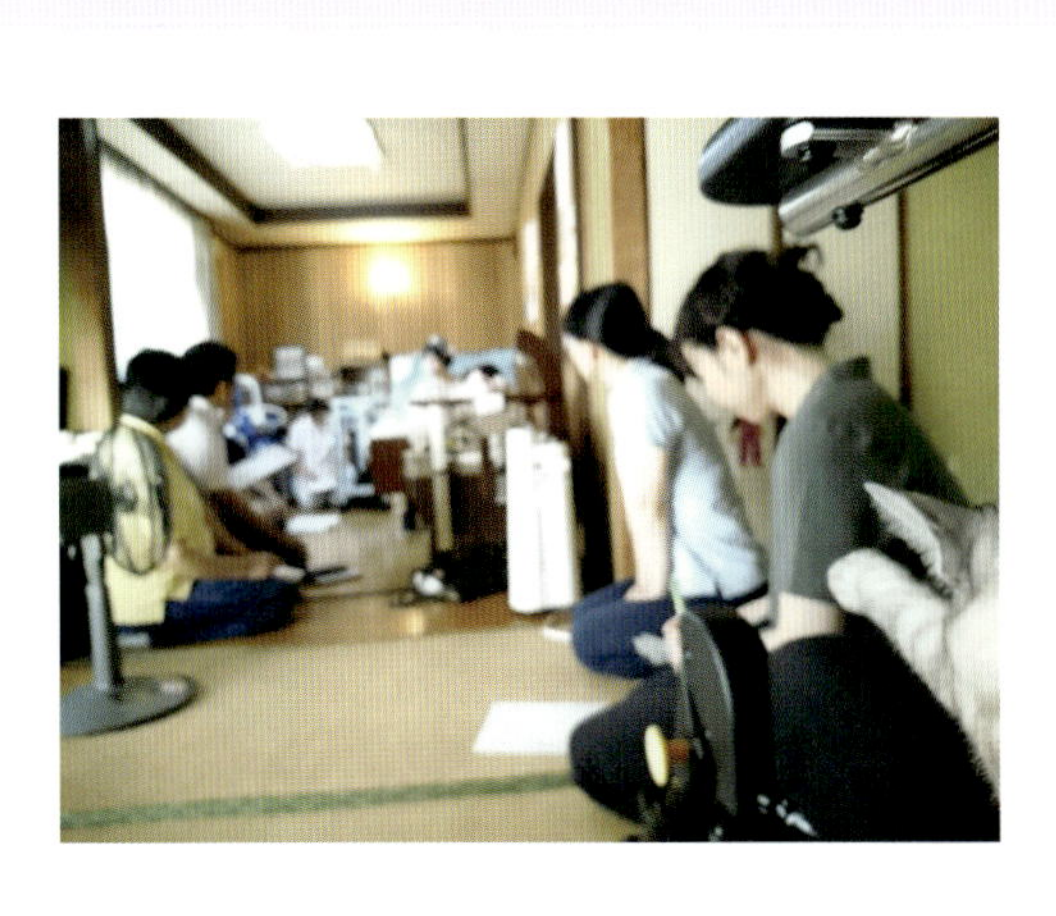

笑顔を大事にするために、在宅の環境整備を整えよう！と遅まきながら意を決した。

家族介護中心になる介護保険の限界を感じ、２０１７年11月に障害福祉サービスを申請。当初の回答は利用時間をもらえず、交渉を続けてようやく1月末、最重度の支援区分6、月２０７時間の重度訪問介護の支給決定が届いた。驚くことにわが自治体では、私が介護保険との併用第1号。これまで介護が必要な方に届いていなかったのではないかとも懸念され愕然とした。そして、何より待ちわびた長い長い3カ月だった。

これからは家族介護の軽減ができると安堵したのも束の間…現実は厳しかった。どこも人手不足が蔓延していて、長時間にわたる重度訪問介護を提供できる事業所を探すのに1カ月もかかった。さらに私たちを待ち受けていたのは、制度のことさえ知らない自治体担当者の無理解と人権感覚の欠如。こんなことにエネルギーをかけたくはなかったが、尊厳をかけた闘いがはじまるのだった。

ひめは今日も旅に出る⑱

歓喜の秋

待ちに待った秋。胸が高鳴る。わくわくどきどきしながら冒険できるしあわせに感謝。

２０１７年10月、富士山を眺めに出かける。久しぶりの三姉妹旅。河口湖畔に泊まり、寝ても覚めても富士山を拝むことができ感激。雄大な富士は秋の花々とともに眺めるのがいちばんステキだった。妹たちとあれやこれやのおしゃべり。あっという間の楽しい時間。お宿でスカイリフト（移乗のリフト）を準備していただいたおかげで、疲れ知らずのラクラク旅。

11月はしまなみ海道へ。お天気に恵まれ、ぽかぽか陽気。海辺に響く穏やかな波の音、柑橘類のさわやかな匂い、キラキラ光る海。吹き抜ける風の心地よさ、満月が映し出す幻想的な海上の月あかり。うっすら夜が明けて

いく空の美しさ、朝もやひろがる瀬戸内の島々。
深まる秋を全身で味わいながら、仲間とともに過ごしたぜいたくなひととき。大浴場で海を眺めながらの朝シャワーは気分爽快。大好きな瀬戸内の魅力をあらためて心に刻む旅だった。

そして、〝ひめ会〟のゆかいな仲間たちが1年ぶりに集結。わが家の庭で炭火をおこし、さつまいもを放り込んで焼き芋タイム。ピンポーンとベルが鳴り、土佐のカツオを受け取る。炭を少し足してわらを入れ、新鮮なカツオをあぶる。カツオのわら焼き、一節ごとに腕があがる。海の幸のパエリア、レモン鍋、美味しすぎる秋の恵みを堪能、お子さまも連れてにぎやかにつどい、お互いの近況報告に大笑い。ごちそういっぱい胸いっぱいの休日。

生きている手ごたえにつつまれる時間。日々出会う喜怒哀楽も、生きているからこそ味わえると思うと、愛おしい。

ひめは今日も旅に出る⑲

彼らの手を忘れない

医学生担当としておつきあいしていた医学生たちとサヨナラしてから約1年後。車椅子で人工呼吸器をつけた私は、少し緊張しながら、卒業試験真っ最中の彼らと再会した。なんだか、彼らがキラキラまぶしく見えた。空白の時間が走馬灯のように思い出された。感慨深くて、切なくて、悔しくて、心中複雑だったが、再会できたうれしさを分かちあえ、笑顔になれた。医師国家試験を控えた彼らのために、富士山5合目の神社で求めた御守りを贈り、激励した。来春また会おう！と握手を交わし、その約束を励みに寒い冬を堪えた。

正直に白状すると、彼らと再会したいとは思っていなかった。医学生の記憶のなかの私は、元気な頃の私のままでいさせてほしいと願っていたから。でも、彼らとの対話（8回目参照）を通じて、内面も外見も含め、ＡＬＳとともに生きるありのままの私を伝えることこそ、自分にできる唯一のことだと気づかされた。ＡＬＳは私の人生の全てではなく、一部にすぎないということも。彼らに背中を押され、新しい一歩を踏み出せた。彼らの卒業を見届けたいという気持ちが、いつしか私の目標になった。

早春の２０１８年３月、彼らがわが家を訪ねてくれた。一緒にあちこち出かけて学んだこと、ゴハンを囲んでのお悩み相談など、ともに過ごした時間を振り返りながら、卒業をお祝いした。

驚くことに、彼らも私も、一番心に残っているのは、水俣病検診＆フィールドワークだった。医療観だけでなく、人間の気高さや生き方、社会のあり方などたくさんのことを投げかけてくれた水俣病をともに学びあえたことは、かけがえのない財産となり、それぞれの胸に深く刻まれていた。

私の心はじわじわ熱くなった。彼らの卒業を見届けることがかない、医師人生のはじまりをともに祝福できた喜びが身にしみた。すてきな贈り物をありがとう。

彼らとの出会いは私の大切な宝物。あたたかい、彼らのその手を忘れない。

ひめは今日も旅に出る⑳

自宅で暮らしたい

難病患者はさまざまな制度にささえられて生きている。生命線である制度の手綱を握っているのは、自治体だ。病気とのたたかいは覚悟していたが、それを上回るたたかいが必要だった。どんなに不自由な身体になっても、手綱を引き寄せる努力がなければ、人間としての尊厳を守れない。

私は、自宅近くに朝日訴訟〝人間裁判〟の碑がある小さな町に住んでいる。2017年11月に障害福祉サービスを申請。2018年1月末、最重度の支援区分6、月207時間の重度訪問介護の支給決定が届いた。

実際に重度訪問介護を利用し始めた3月には、病気の進行により介助者1人でできていた移乗や外出などが困難になりはじめ、家族とヘルパーさん2人体制でやりくりしての移乗介助となっていた。すぐにヘルパーさん2人介助の申請をしたが、どちらも「1人でできるように考えてください」と認められなかった。前回の訪問調査から5カ月経過しているにもかかわらず、新たに訪問調査を実施することも、病状含め本人への聞き取りもなかった。

この回答は、私から生きる意欲を削ぎ、外出する気力をも奪うものだった。家族介護は限界にきていて、これ以上の負担を強いることは、事故が起きるか、家族が倒れるかだと容易に想像できた。在宅療養をあきらめざるを得ないという未来しか描けず、めずらしく、くじけそうになった。

さまざまな制度を申請するということは、助けがほしいという声だが、行政にはなかなか届かない。その後、ケアマネさんと作戦を練り直し、主治医や保健師さんのお力を借りて再度申請。ようやく移乗時30分のみ2人介助、月288時間まで認められた。

いまあたり前のようにある難病や障害福祉の制度も、先人たちの努力で一つひとつ制度化、充実させてきたもの。その恩恵を享受させてもらうだけでなく、自分の経験を通じて新しい前例をつくり、重い障害があっても、地域でふつうに暮らすことのできる社会にしていきたい。

ひめは今日も旅に出る㉑

２０１８、ある闘いの真実

「オムツを使わないのはわがままなんじゃないですか？」

自治体職員から発せられたひと言だった。前号で紹介した２人介助の申請時、ケアマネさんが担当職員との交渉中に、言われたという。それを聞いたとき、クラクラするほどのめまいがした。衝撃だった。

リフトを使い、トイレや車椅子に移乗している私に、オムツを使えば移動はいらない、２人介助は不要と言わんばかり。人間としての尊厳がこんな形で傷つけられていくことに身震いするほどの憤りを覚え、慟哭した。

手助けがあればポータブルトイレで排泄できる。これがわがまま？　同じ人間なのに、とんでもなく見下されているのはなぜ？　私らしく生活することをサポートする制度を申請しただけなのに。そもそも制度は誰のためにある？　自治体職員は何のために働いているの？

障害者になって初めて遭遇した、理不尽な事件だった。見過ごせるわけがない。職員のこんな発言が今までスルーされてきたことも大問題。よく考えれば、私も含めた障害者全体にむけて発せられた言葉だからだ。

しばらくして、担当課長と衝撃発言をした担当職員に自宅に来てもらい、ケアマネさんも同席のうえ、話し合いの場を設けた。最初、「経験不足で、気遣いが足りなかった」という言葉を連発した課長。担当職員にいたっては発言の事実を認めなかったが、ケアマネさんが「今でも鮮明に覚えている」と証言し、発言内容を否定できず謝罪した。私は、担当者だけの問題ではなく行政としてのあり方を問い直す機会にしてほしい、人権感覚を育てる職員教育を、社会福祉制度に精通し住民サービスの向上をと、その場で要望した。

その後、サービス担当者会議に自治体職員が参加するという変化があり、１歩前進した。現在、重度訪問介護は月４３９時間となった。朝日訴訟がたたかわれたわが町。人間の尊厳をかけてたたかった朝日茂さんからのエールを感じながら、私らしく生きていくために、声をあげ続けたい。

困っていることはありませんか？

２回目の登場、オットの長久です。相方（ひめ）が大きな信頼をおいている訪問リハビリのＹさん。相方の個別ニーズをよく把握され、生活の質維持のために尽力いただいています。昨年、たまたま私もいた時のことです。リハビリをひととおり終え、帰る時間も近づいてきた頃、「いま何か困っていることはありませんか？」の問いかけがありました。

これ、なかなか聞けないんです。個別ニーズをつかむためには必須の言葉ですが、それに対応する責任がうまれます。「何かあれば言ってくださいね」は待ちの言葉ですが、「困っていることはありませんか」はアプローチの言葉です。でも、めんどうくさい話になるかもしれません。単純にいって仕事が増えるわけです。その日も、その言葉を発したがために、あーだこーだの話になり、15分の仕事延長…。

この言葉には、思い出があります。相方の病気を診断した大学病院では、一度も「何か困っていることはありませんか？」の言葉を医療者から聞けませんでした。相方へのアプローチがなかったのです。困っていることだらけだったのに。

一方、訪問診療中心でクリニックをされている現在の主治医のところに初めて訪れたとき（2年ほど前）、診察からまもなく「いま一番困っていることは？」の言葉がかけられました。すごく救われた思いを感じたのを、はっきり覚えています。「ああ、患者個人をみてくれている。この言葉を待っていたんだ」と。主治医への信頼はこの言葉で確定しました。

なにげない、日常の言葉です。「困っていることは？」。でも日本社会から、だんだんとこの言葉が消えているような気がします。この間の自治体対応でも、この言葉を聴くことはありませんでした。聴くことは、責任をうみますから。聴かなければなにも発生しません。ラクです。だから「困っていることはありませんか？」の言葉を発せられる人を、ぼくはすごいなと思うんです。

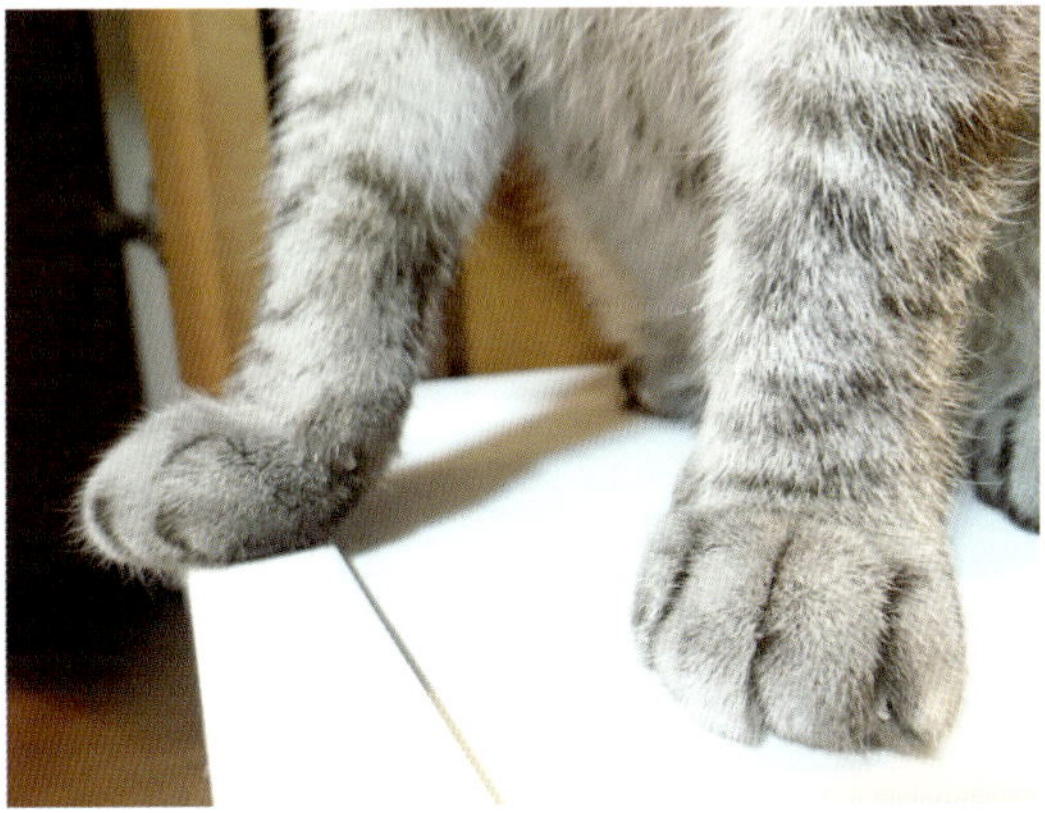

変わらないね、がほめ言葉

わが家に来訪する医療・介護スタッフの方々から「すごいですね！」とよく驚かれる。いままで出会ったことのない患者さんらしい。こんなによく旅に出かける患者は初めて、と主治医からも。お酒飲まれるんですか！とびっくりされたり。飲んでますけど何か？とは言えなかったけど。私は規格外のALS患者だろうか、と自問自答してみる。

たしかに、難病ALSというフレームからみるとそうなのかもしれない。でも、私はそねともことというひとりの人間。歩んできた道がある。ALSになっても、自分の人生にわがままに生きてきた私は変わらない。というか、そう簡単に変われないのだ。古い友人たちは、変わらないね、ますます活発だねという。それを聞くとほっとする。私にとってうれしいほめ言葉だ。

いまや汗も涙も、鼻水も痰も拭えない。かゆくてもかけない。腕や脚がしびれても1ミリも重力に逆らえない。最低限の要求だけでも、とどまることなく湧いてくる。

それでも、要求も私らしくを貫きたい。例えば、周りの迷惑や苦労をかえりみることなく、どこそこの何が食べたい、これがほしいとキッパリ主張する。なんでもいいとは決して言わない。私らしさを生き抜くことが、生活への意欲やエネルギーにつながる。こうしたい、ああしたいと思い描くこと。そしてその意欲を表現できること。遠慮なく要求を出すことのできる環境やまわりのサポートが大事だ。

とにもかくにも安全第一を呪文のようにとなえる看護師さんたちから、今のシャワー入浴もリスクがあるから別の方法を考えないかと言われる。医療者としての立場は理解しながらも、こうやったらできないかな？と待ったをかける私。患者という立場では、ついつい無難に、おとなしく生きることを強いられる。でも、私が人間らしく自分らしく生活することをあきらめさせないでほしい、とも思う。ＡＬＳ患者のそねともこではなく、私はわたしなのだ。

たくさんのご縁に感謝

私にとって激動の1年だった2018年。月2回のエッセイ執筆を中心に、ちょっぴり緊張感のある毎日だった。ヘルパーさんとの日々のごはんづくり、旅支度、ケアプランの見直しや行政とのたたかい、揺れ動く体調の管理やもろもろの申請手続き。でもだからこそ、たくさんの出会いと学びに恵まれた日々だった。

多くのサポートのおかげで、大好きな旅行も楽しんだ。それぞれの場所で、再会したかった仲間たちと時間を共有することもかなった。3月、鴨川沿いに広がる満開の桜並木の土手を友と歩く。水芭蕉の群生地を散歩し、美味しいも

の三昧の青森。宍道湖の夕陽と新緑映える松江。そして念願の満蒙開拓平和記念館や無言館へ訪れた夏の長野。初秋の古都で阿修羅像に癒された奈良。痰が絡んで10月に体調を崩したものの、最後は沖縄本島へ。楽しみにしていたモンパチフェスは大雨のため泣く泣く断念。キャンプシュワブに足を運び、美しい大浦湾と辺野古新基地をつくらせない不屈の人びとの姿を胸に刻んだ。

昨年一番のサプライズは、この連載エッセイがつないでくれたご縁。なんと長野のALS患者さんがわが家に来訪くださった。笑顔のすてきなマダムで、私と診断時期はほぼ同じ。思いがけない出会いにこちらが励まされ、胸が熱くなった。これまでがんばったご褒美のように思えた。

育ててもらった民医連と、ささえてくれた人たちへの恩返しのつもりで引き受けたこの連載。エッセイを通じて、社会性を保つことの重要性をあらためて実感した。全国の読者のみなさんからの反響やエールが、私の背中を押し続けてくれた。正直、最初は続けられるだろうかと不安だった。でも言葉をつづることで自分と向きあう時間にもなり、豊かな時間をもたらしてくれた。機会を与えていただき、感謝しかない。たくさんの人にありがとうと言いたい。どこかで誰かの一歩につながることを願って、明日も私は旅に出る。

第2章

やっぱり旅は楽しい！

2017年2月7日~15日　ベルリン

ブランデンブルグ門

夕食はほぼ自炊で

ベルリン大聖堂

2017年2月7日~15日　ベルリン

つまずきの石

ショッピングが楽しい

ベルリン・フィルハーモニーに

2017 年 3 月 28 日～ 30 日　沖縄本島

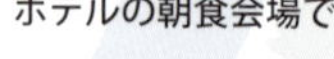
ホテルの朝食会場で

夕暮れ時に

2017 年 4 月 28 日～5 月 1 日　青森

弘前城の花いかだ

寄り道

アップルパイ！

2017年5月20日～22日　京都

京都の仲間たちと

新緑のなかを

永観堂で

2017年7月14日～17日　函館

函館山の眺望

朝から海鮮づくし

すき焼きを自前で

2017 年 10 月 7 日～ 9 日　河口湖・富士山

富士山のみえる公園で

富士山 5 合目

2017 年 11 月 2 日～ 5 日　しまなみ海道

島々をめぐる

今治のタオル美術館で

ホテルからみえた月光

2018年3月30日～31日　京都

鴨川を歩く

鴨川の土手で

京都のまちをゆく

2018年５月１日～６日　青森

桜並木を歩く

五所川原・たちねぷたの館

水芭蕉の群生のなかを

2018年5月23日～24日　山陰・松江

松江のイングリッシュガーデン

鳥取花回廊

鳥取・大山

2018年6月23日　大塚国際美術館（徳島）

荘厳な空間

モネの睡蓮

2018 年 7 月 13 日～ 17 日　長野

無言館にて

安曇野

ちひろ美術館で

2018 年 9 月 22 日～ 24 日　奈良

興福寺・五重塔

鹿と

大仏を眺める

2018年11月2日～6日　沖縄本島

伊江島に

じんべいざめ大きいな

辺野古の海を眺める

2019年3月15～21日　沖縄本島

ビーチの前で

久しぶりの生ビール！

首里城

番外編

ヘルパーさんが盛り付けてくれる、ともこランチ。
使っている器は、沖縄のやちむんの里のものが多い

第3章

そねともこを語る

自分の〝人生の物語〟をつくっている

難波　玲子（主治医、神経内科クリニックなんば）

曽根朋子さんがエッセイ集を出版されるにあたり、主治医の立場から寄稿させていただきます。２０１６年11月、セカンドオピニオン目的で外来にいらっしゃったのが彼女との最初の出会いでした。当時はゆっくり歩いて診察室に入ってこられましたが、病状が進行しほどなく車椅子となり、２０１７年３月より訪問診療を開始し現在に至っています。ご自宅に伺うと、気まぐれな猫ちゃんたちのお出迎え（あったりなかったりですが）、猫好きな私は猫ちゃんたちに会うのも楽しみです。

エッセイ集では、病状の進行とそれに伴うさまざまな葛藤や病気とともに生きていく姿が語られています。

まず、彼女が患っている筋萎縮性側索硬化症（ALS：Amyotrophic lateral sclerosis）についてお話しします。この病気は、運動神経が障害され、眼球運動を除く全身の骨格筋の筋力低下・筋萎縮をきたす原因不明の進行性の疾患で、多くは中年以後に発症し、日本での有病率は7～11人／10万人、家族性の割合は約５％と推計されています。症状の始まりは、手からの人、足からの人、構音・嚥下障害からの人、呼吸筋が早期から障害される人などさまざまで、進行の程度も人によって非常に異なり、原因は不明で、進行を明らかに遅らせる治療法も残念ながら未だない病気です。

以前は運動神経だけが選択的に障害される疾患と考えられていましたが、長期の気管切開による人工呼吸器装着の患者さんのなかには眼球運動も障害され自律神経障害を伴う人があること、人格変化を主体とする認知症の合併がみられる人もあることがわかってきて、一つの病気ではなく異なった病気の集合と考えられています。

エッセイを読ませていただき、さまざまな葛藤があり涙したことを知りましたが、診療の時には病気や予後などについて的確な質問をされ、苦しい症状が出現した時にも客観的に分析して説明され、対策についての適切な質問があり、弱音を吐かず、今までの生き方を継続していくという毅然とした姿勢に驚嘆し、感銘を受け続けています。

エッセイを読んで最も印象に残ったのは、医療者の言葉かけの大切さでした。「困っていることは?」という問いかけはごく普通にしていたつもりですが、患者さん・ご家族にとって、〝アプローチ〟の言葉で、医療者からなかなか聞かれないというお話はちょっとした衝撃でした。そして、何気なく患者さんに言っている言葉が、そのつもりはなくても傷つけている可能性があるのではないかとの思いでした。今後、言葉かけとその後の対応に十分注意する必要性を肝に銘じました。

エッセイの多くは、ご家族、友人との旅行や語らい、食事会などを心から楽しんでいる内容で占められています。自分で動くことができず介助を受けながら〝生活者〟として普通に生きていくことは、なかなかできることではありません。ご家族はもちろんですが多くの友人が喜んで集っているのは、彼女のこれまでの生き方があるからこそでしょう。全介助で人工呼吸器を装着して1、2回旅行をした患者さんは、これまでも何人かいらっしゃいますが、彼女は、国内（沖縄から北海道まで）だけでなく海外までも、何回も出かけておられ、私よりも余程濃密で豊かに生きておられるなーと羨ましくも感じています。旅の途中で病状が悪化することもあり得ますので、当地の知り合いの医師に連絡したところ皆快く了解され、紹介状を携帯してもらいましたが、幸い使用することはありませんでした。それにしても彼女の勇気と周囲の理解と支援には頭が下がります。

また、社会的視点をもち、制度の矛盾や行政の対応についての問題点を指摘し、積極的に対処しておられるご様子も伺え、矛盾や理不尽へのプロテストの意志の強さも一貫しておられ、ご自分の〝人生の物語〟を創っていらっしゃいます。

今後も病気は進行しますが、当院スタッフともども、できるだけ苦痛なく生活できるように医療面からの支援を行い、応援していきたいと思います。

印象的だった行政との話し合い

末房　直子（ケアマネージャー）

朋子さんとの出会いは、２０１６年11月、包括支援センターからの紹介でした。ＡＬＳの診断を受け、仕事は続けており、点滴治療中。要介護２の認定を受け、長い歩行は辛そうでした。当初の印象は、女子力が高く、可愛らしい方でした。関わっていくうちに、食にこだわりがある人だな、控え目だが内面はしっかりしているなと感じるようになりました。すぐに動きやすいように家の環境を整え始めましたが、屋外の階段はどうすることもできず、おんぶでの移動となります。

２０１７年１月、呼吸器症状が出現し、訪問診療、訪問リハビリ、訪問介護が始まります。ベルリン旅行のあとから、呼吸筋による影響で体の動きが急激に悪くなり、３月には要介護５になります。風邪をきっかけに適宜使用していた鼻マスク式の人工呼吸器は24時間装着となってしまいます。風邪は落ち着きかけ、３月末に予定していた沖縄旅行が近づきます。

延期を考えていた私に「毎年シュノーケリングしていた。沖縄の海が好き。今より元気になれるなら待つが、その見込みがないなら今行きたい。近くであればこの先も行けるであろうが、沖縄は最後だと思う。絶対帰ってきます」との言葉。もう応援するしかありませんでした。主治医より神経内科のある病院を聞き、紹介状と酸素ボンベなどを持ちいざ沖縄へ。日数は短縮したものの友人とも合流し「沖縄は元気で楽しく過ごせました。リフレッシュできました」と明るい笑顔で話し、すでに翌月の旅行計画を立てていました。自分の体をよく分かった上での行動力、家族や周囲の協力に驚きました。朋子さんの言う通りのプランで間違いないと確信しました。

　約2年半の関わりの中で一番印象的な出来事は、２０１８年9月の行政の方々との話し合いです。行政の方からの心無い発言があったこと、今までの対応も含めての話し合いとなりました。朋子さん、長久さん、議員さん、役場から2名来られました。「オムツをすすめるようなスタッフはいない、経験がないので、オムツを使う事例もあると説明しただけ」との言い分でしたが、私がケアプランの説明の際何度も聞いた、担当職員さんの「オムツを使わないのはわがままでしょう！」という発言については否定できず無言に…。このようななか朋子さんは、怒りをあらわにすることなく「…これからの利用者がきちんと利用できるように、この経験を教訓としてほしいと思い声をあげました。困っている人に寄り添っていける職員の育成を切に願います」と発言。柔軟に対応して下さるきっかけとなりました。その後の担当者会議には役場より3名参加してくださり、問題発言はありましたが、9事業所、総勢17名での担当者会議を開催することができました。

ＡＬＳを持ちながら在宅で過ごすには、たくさんの方の協力が必要です。訪問診療、訪問看護リハ、訪問介護、福祉用具、重度訪問介護、保健師、自治体、友人、近隣、訪問理美容など…。なかでも家族の力は絶大です。仕事、出張をこなしながら家では介護のエキスパートの長久さん。週５日片道40分かけて来てくれ、泊りも対応のお母さん。時間が空いた時、泊りや外出、旅行も対応してくれる妹さんたち、姪御さん。家族が疲労してしまっては在宅生活を続けることは難しくなります。個別のケースに寄り添い、柔軟な対応をしてもらえ、在宅で暮らしたい人が不安なく暮らせる福祉の充実した国になってもらいたいです。

エッセイを初めて読んだのは２０１９年１月でした。懐かしく思うエピソード、また、旅行を本当に楽しんでいる姿が目に浮かびはっとしました。月に数回自宅に訪問する時には、ＡＬＳという疾患を持つ朋子さんしか見えていなかったんだと気づきました。意向をかなえたい気持ちはありますが、安全第一！　無難に穏やかに過ごすことを望む傾向があります。安心安全にとらわれすぎず、遠慮なく発言でき、自分らしく前向きに生きていくことを、これからも応援させてください。

人間らしく生きていくための教科書

眞木　高之（全日本民医連副会長　松江生協病院・医師）

曽根朋子さんにお会いしたのは、５年前です。私が全日本民医連の理事となり、医師部に所属したのがきっかけでした。医学生に、民医連が行っている無差別・平等の医療を知らせ、将来の仲間になってくれるように働きかける、医学生担当（いわゆる医学対）の仕事をご一緒するようになってからです。

当時、中四国の各県連は、医学生を仲間に迎え入れることに苦戦しており、月１回松江に集い、対策会議を行っていました。私は、対策会議の後の懇親会に参加し、そこで曽根さんとお話をする機会がありました。曽根さんは、優しい雰囲気を漂わせている方で、周囲の人にとても安心感を与えてくれる方でした。聞き上手で、何をも包み込んでくれる、包容力のある方でした。医学生に対して愛情を持って接していることがよく分かり、誰かを批判するような発言は、耳にしたことがありませんでした。ご一緒していると、とても癒され、曽根さんとお会いするとこちらが元気をもらえるので、お会いできるのをいつも楽しみにしていました。それが、いつからか曽根さんがお越しにならなくなり、とても寂しく思っておりました。最初、体調が悪いらしいよ、とお伺いしていましたが、その原因がＡＬＳだと知り、言葉が出ませんでした。その後、曽根さんがどうお過ごしになっているか、とても気になっておりました。

この度、曽根さんのエッセイが出版されるにあたり、改めてエッセイを読み返しました。曽根さんらしく、とても「元気」に過ごされていたのだとホッとしたとともに、曽根さんって何て強くて、素晴らしい方だろうと、改めて感心いたしました。そして、このエッセイは、人間らしく生きていく上で何が大切なのかを教えてくれる、大変素晴らしい教科書になっていると思いました。

身体の不調を最初は受け止めきれず、心が何度も折れそうになり、診断がつくまでは、怠け者と見られているのではないか、という不安もあったことが語られています。このことは、なかなか診断がつかず、それでも苦しんでいる患者に対する、医療従事者の対応のあり方というものを考えさせられます。診断確定後、病気の説明に終始し、苛立ちだけを与えられた主治医の告知について言及されています。インフォームドコンセントとは、一体何なのか。病気の説明だけでなく、患者に希望を与えるものでなければならない、という指摘だと思います。それに続けて、「医療観、看護観が違えば、アプローチもゴールも違うのだ、と身を持って実感した」と語っておられます。民医連が、患者に寄り添う医療観、看護観を育み続ける組織でなければ、と改めて思います。

そして、障害を持って在宅で過ごす上で、日本の社会保障制度が、全くもって不十分である実態も書かれています。さらに、初めての車椅子旅行で、視線の多さに驚いた、というくだりがあります。障害を持つ父と一緒に外出した時、父に対する異様な視線に憤りを覚えた、幼少時代の自分の経験を思い出し、障害を持つ人が普通に生活できる社会に、早く成熟してほしいと願わざるをえません。

医学生に対し、ご自分の病気の経験を通して、「こんな医師になってほしい」とメッセージを送る場面がいくつかあります。医学対の原点は、ここにあるのだと教えられました。

「患者という立場では、ついつい無難に、おとなしく生きることを強いられる。でも、私が人間らしく自分らしく生活することをあきらめないでほしい、とも思う。ALS患者のそねともこではなく、私はわたしなのだ」。23回目のエッセイの中の曽根さんの言葉です。病気や障害を持つ人々が萎縮することなく、自分らしく生きることのために必要なものは何か、に対する答えが詰まっています。全国の民医連職員必読の書になっていると思います。さらに、私たちのような医療従事者だけでなく、多くの方が手にとって、ぜひ繰り返しお読みいただければと思います。

何も変わらない〝ひめ〟に救われて

塚　玲子（京都民医連あすかい病院　ソーシャルワーカー）

ひめとは10年以上のつきあいになります。ひめは岡山、私は徳島、今も交流が続く「ひめ会」メンバーとは民医連の同じ中国四国の医学生担当として出会い、濃密な時間をともにする中で、いつしか仕事をこえてもたくさんの時間をともに過ごすようになりました。

私がはじめに異変に気づいたのは２０１６年６月の沖縄旅。えっと思うような尻もちをついたり、コンビニで買ったペットボトルはふたが開けられないと言う。旅の最終日には、空港に向かうレンタカー会社の送迎車のステップを上がりかねていて、これはいよいよただごとではないと確信した瞬間でした。

沖縄旅から帰ってからは受診と検査報告を待つ日々で、診断がつかない状況に不安が募りました。７月に訪れた温泉では服が上手に着られず、夫婦で徳島の阿波踊りに来た時には少しの距離さえ歩きかねていて、せめて難病さえ否定されれば、とただそれだけを祈るようになっていました。

10月のお見舞いの際とうとうひめからＡＬＳ確定が告げられましたが、この期に及んで私を気遣いながら、あまりに冷静にどこか人ごとのような口ぶりで話すので現実感がありませんでした。これまでも、ひめが取り乱したり涙しているところを見たことがありませんが、それまでに一生分の涙を流していたことを、エッセイで初めて知りました。覚悟はしていたものの帰りの電車の中では涙が止まらず、しばらくは寝ても覚めてもそのことで頭がいっぱいで気持ちをどう整理したらよいのかわかりませんでした。

そんな状況を日常に戻してくれたのもひめでした。病気の宣告と同時に「旅に行こう！」と決めた行き先は、ベルリン。そしていつも一緒に行っていた沖縄、青森へ。今ふりかえるとやはり旅の力は大きくて、ＡＳＬになっても工夫をすれば旅にも出られるということが病前と今のひめをつなぎ、これまで通りでいいのだと確かめさせてくれた気がします。それからも数々の「ひめ旅」へ。

旅では車イスごと乗車できる福祉車両のレンタカーを啓太さんが運転し、ひめは後部座席から「次はここに寄って」「あそこにも行きたい」とひめっぷりを発揮。タイムキーパーでもある啓太さんに「ハイハイ」と要求が認められるときと、「ムリムリ。そんな時間がどこにあるんですか」とあえなく却下されるときと、まあいろいろありますが、そんなやりとりに一緒に旅を続けられている喜びを感じます。

ひめが自分の症状や進行を話すときはいつも淡々としていて、本当に私の理解の域を超えているのですがなにせ達観していて、そのことにも私は随分と救われてきたと思います。それどころか、会うと、前に話していた話を覚えていて、「あれはどうだったの？　うまくいった？　あの人はどうしてる？」と自分のことよりも人のことを気にかけて、「うんうん、そうね」「これはこうだな」といつもの冷静な分析と的確なコメント。そして「国会でこんなこと言ってたよ」「この記事読んだ？」「だめだな。ちゃんと読まないと」とチェックが入り、ひめだけど相変わらずみんなのお姉さんで、本当にますます何も変わらないのです。

身体が動かなくなっていく悔しさや恐怖はきっと私には計り知れないものがあるだろうし、家族にしかみせられないこともあると思います。気休めの言葉なんてかけられないけれど、少なくともひめの今はこれまで培ってきた豊かな人生の延長線上にある。病気になっても自分らしく生きることをあきらめず、それを制限する環境や制度であればそこにはたらきかけ変えていく。それが次の誰かの人権を守り、生きる希望につながっている…。これまで大切にしてきたことを身をもって実践している生き方に触れ、その姿に私自身深く影響を受けています。

健康や命の長さは誰にもわからないけれど、一度きりの人生を病気になっても障害を抱えても人間らしく自分らしく生きられること、それが実現できる社会も展望しながら、これからもたくさんの時間を共有していきたいなと思います。

曽根さんとの出会いが、臨床医になる覚悟を育てた

宗兼　麻美（医師　水島協同病院／川崎医科大学附属病院神経内科）

曽根さんのベッドの入った部屋。壁や扉など、いたるところに訪問者を歓迎するような飾りがある、あたたかくて素敵な部屋だ。人工呼吸器のカバー（にゃんずが機械のボタンを踏んで押してしまうことを防止）も自前。大きな介護用ベッドと、スカイリフト、ＭＯＭＯの装着された車椅子があって、おそらくこれらの導線を確保するために、２部屋の間の扉が外されており、生活が一変したことを感じさせる。ここにあった扉には、どんな可愛い飾りがあったのかと私は訪問するたびに想像する。

ＡＬＳの診断から数カ月経ったころ、初めてご自宅に招待して頂いた。私はその時、神経内科に入局しており、どんな顔で会いにいけばいいのか戸惑った。実際、人工呼吸器を装着し、手足の不自由になった姿に、はじめは動揺してしまったけれど、いつもの毅然とした雰囲気はお変わりなかった。会話は終始リードして頂き、別れ際には「もっとお話を聞きたかったんだけど」と言われた。言葉足らずの私が学生時代からよく言われていたことで、曽根さんも、曽根さんと私の関係も変わらないんだと、当たり前のことに気づかされて、嬉しかった。同時に、それまで気づけなかったことが恥ずかしかった。

曽根さんとの出会いは医学部4年生のとき。臨床現場が想像できず、将来が不安になって参加した地域医療実習で初めて民医連を知り、その縁で出会った。自然派で柔らかい印象の私服と、芯の強い中身のギャップが印象的だった。どんな医療者になりたいのか、世の中の問題についてどう考えているのか、会うたびに鋭く問われた。私の拙い言葉から、私の性格や足りないものを見抜いていろんなことを教えてくれた。健康に生きるために必要なお金や正しい知識、平和な社会は当たり前にあるのではなく、守り続ける努力が必要であること。優しい医療者になるためには、患者をとりまくあらゆる物事について興味をもち、広い知識を身につけること。臨床医になる覚悟ができたのは、曽根さんや民医連との出会いのおかげだった。

曽根さんは、心地良いもの、相手を思いやって作られているものに敏感な方だ。周囲には優しくて同じ夢を語る友人がたくさんいる。猫は好きじゃなかったんだけど、といいながらどんどん愛猫家になって、いつのまにか2匹も家族が増えていた。

〝ひめ旅〟エッセイは、自分の日々の診療を見つめなおすきっかけになった。医療制度や装具が実際に使えるようになるまでの過酷さを、私は知らなかった。身につまされる話もあった。以前と変わらず、弱者の権利のために闘う曽根さんと、一緒に闘うご家族や医療介護スタッフの方々には、学ぶことが疎かになっていた自分に「あの時の学びを思い出して！」と叱咤激励されているような気がした。あの人の一番の処方箋はなんだろう？　私はこの人の本当の声を聴き逃していないか？　まだまだできるのにしていないことがあるはず。自分でも随分タフになったと思うが、学生時代の学びが、知らず知らず、私のはたらく原動力になっていた。今度は私が、「その人らしさ」を守る医療について、一緒に考える仲間を増やしたい。

それでもまだまだ曽根さんから教わりたいことがたくさんある。きっと今日も、ヘルパーさんにおいしい季節の野菜を使った手料理を簡潔明瞭な言葉で伝授しつつ、次の旅の計画を立てていることと思う。また旅行の楽しみ方や、料理を教えてもらいたい。

今度お会いした時には、よろしくお願いします！

大事にしてきたことを、あきらめなくていい

長久　啓太　夫

「ちょっと話があるから座って」

2016年秋のある夜、相方がいつもとちょっと違う顔つきで、こうきりだした。神経難病、ALSかもしれないので大学病院に検査入院する、という話だった。なんでもよく忘れる私にしては、このときのことは映像としてかなり覚えている。

相方は、人体図が描かれた紙をもとに、「ここところこの、筋肉に指令を出すところがおかしいらしい」と落ち着いて話をすすめていった。そう、まったくいつもと同じように冷静だった。その後、相方のエッセイを読み、この日大学病院の駐車場で大泣きしていたことを知ったのだった。そしてエッセイの2回目にも書いてあるとおり、そのとき私は「あっそう、わかった。で、入院はいつ？」という対応だったらしい。まあ、そこまで淡白ではなかったとは自分では思うけど、あやしいところではある。

自分でいうのもなんだが、私はめったなことでは動揺しない。つねに「ものごとのプラスの要素を考える」のが得意である。相方がALSになり、これから生活が激変する、という多少の不安はあったが、「いますぐ死ぬわけではない」「ALSになってもやりたいことはい

ろいろできる」とたいした根拠もなく思った。悲嘆にくれたりオロオロする、ということもなかった。

私は民医連の看護学校で「ものの見方・考え方」という単位の非常勤講師をしている。そこでたくさんの闘病記や医療・看護に関わる本を読み、学生さんに紹介していたことも、バックボーンとして「病気になっても大丈夫」という足場をつくっていたように思う。ＡＬＳの闘病記の本も読んだことがあり、この病気のことを知っていたこともあるかもしれない。それでもさすがにその夜は、あれこれ考えてすぐには寝られなかったように記憶している（30分後には寝てましたが）。

それから2年半。いま相方は、24時間人工呼吸器を装着し、24時間誰かの付き添いが必要になっている。幸い、話すことと食べる力の進行は遅いが、手足はほとんど動かせず、要介護度5の障害者だ。そして、相方はぼくに対しては遠慮のない人なので、次々とさまざまな要求が飛んでくる（もちろん信頼関係が前提なのだけれど・・・）。介護も徐々に煩雑かつ労力のかかるものになっている。

ただ、「主たる介護者（ぼく）の負担を分散させる」というのは、相方もぼくも当初から意識していたので、社会資源をフル活用してきた。その経過や、ときに闘うことも必要だったことは相方がエッセイに書いている。「介護さえなければなあ」と思うことも正直あるし、精神的にも体力的にもしんどいけれど（グチも毎日のように吐く）、ふりかえって何がしんどかったかを映像で思い起こそうとすると、ほとんど思い出せない。あえて言えばお酒を飲んでからのナイトケアが絶望的にきつかったのが何回かあったぐらいである。だからまあ、苦労はしているけれども、忘れられるぐらいの苦労なんだと思う。負担の分散は、うまく機能している。

結婚当初から、いつも相方より早く起きて朝ごはんをつくったり、家事をしていたりした。そう、家事なんか、相方はおもに料理担当で、掃除や洗濯、布団のあげさげ、ゴミだし、草むしり、洗い物などなど、８割がたぼくがやっていた（と自負している）。だから、昔も今も、家庭内労働という面では、極端には変わっていないのかもしれない。それでも、とくに訪問ヘルパーさんには、生活のさまざまな面で支えられ、助けられているとしみじみ感じる。いまや家族に近い存在で、とても他人とは思えない。

２０１９年に入り、重度訪問介護の支給時間も増え（現在は月に８４２時間まで可能）、泊まりで入ってくれる訪問介護事業所と契約できたこともあり、いわゆる「ワンオペ介護」の時間は以前と比べれば激減した。もともと「無理をしすぎない」のはぼくの得意技だけれど、親族をはじめたくさんのサポートのおかげで、介護に押しつぶされることは、これからもたぶんないだろう。最近は数カ月に一度、「レスパイトひとり旅」にも行けている。楽しみや息抜きを自分で設定しつくっていくことも、介護生活を続けるうえでは大事なことだと思う。

作家の落合恵子さんが、母親との介護生活を『母に歌う子守唄』（朝日文庫）という本にまとめている。５年ほど前に読んだのだが、伝わってくるのは、たくさんの重荷や葛藤や後悔を背負いながらも、人と人とのケアという営みのなかで、仕事や活動などでは得ることのできない喜び楽しみを感じることができる時間なのだということ。落合さんはお母さんを見送ったあと、「お母さん、もう一度介護させてよ」と共有した時間の愛おしさを振り返っている。しているときは必死だけど、意味のある、かけがえのない時間。よくわかるような気がする。

相方は気持ちの強い人なので、ぼくの前では泣いたことがない。めったに弱音をはかない。介護者にとってはありがたいことである。それでも、しんどさや不安、歯がゆさは絶対にあるだろう。そこをつねに想像できるゆとりをもちたい。介護に苦悩はつきものだ。これからも山ほどの困難が待ち受けているだろう。たくさんの人の力をお借りしたい。

病気から1年半後、相方は「民医連新聞」に連載エッセイを書きはじめた。タッチペンでスマホに書く８００字の原稿。それをぼくが紙に打ち出してきて、あーだこーだと2人で原稿を練り上げる。月2回の締め切りのある連載はなかなかたいへんだったが、生活のよいリズムになったように思う。そして、エッセイは全国の人に届き続けた。たくさんの反響があった。書くことで得られたことは計り知れない。

そして、病前の生き方が、病気になってからのありようを強く規定するなあと改めて感じるのは、やはり旅のことである。勝手に命名した「行けるときに行っとこうツアー」は、ベルリン旅から数えると、２０１９年5月現在、15回を数える（日帰り旅を除く）。周囲にあきれられるほど旅に出た。重度障害者にとって、外出だけでもひと苦労、旅行となるとさらに周到な準備が必要になってくる。一緒に行ってくれる人の確保（最低3人は同伴が必要）、バリアフリーの部屋がある宿の選定と予約、レンタカーや飛行機の手配、電動ベッドを借りる手続き、たくさんの介護に必要なものを持ち運ぶ段取り・・・。旅は相方の生活の大きな目標のひとつになっているけれど、準備はなかなかの苦労だ。それでも、多くの人のサポートを得て旅は楽しめるし、これからも行くだろう（時間やお金の壁はあるけれど）。自分の大事にしてきたことをあきらめなくていいと、たくさんの人に伝えられればと思う。

本書が、また新しいご縁や出来事を生む力になると信じている。

おわりに

連載を終えて、寝ても覚めても原稿のことを考える日々から解放された。でもその解放感は、すぐに寂しさに変わった。しめ切りに追われる日々は、じつは充実した時間だったのだ。あらためて、このような機会を与えていただいたこと、そしてこれまで支え応援してくれた方々に感謝したい。

がんばった自分へのご褒美に、今年3月、やっぱり沖縄に旅立った。暖かい沖縄で青い海を見ながら、のんびりゆったり1週間過ごした。滞在中開催された、「土砂投入許さない！　ジュゴン・サンゴを守り、辺野古新基地建設断念をもとめる3・16県民大会」に参加。会いたかった沖縄民医連の方々と再会をはたし、嬉しかった。

4月には、めいっこ2人と秋田に桜三昧の旅に。赤ちゃんの頃から知っているめいっこたちの成長した姿とともに、一緒に旅を楽しめる喜びをかみしめた。身体は不自由だけど、旅でエネルギーを得て、心はピンピン元気でいたい。これからも。

一度きりの人生を自分らしく楽しむ。そんな思いを込めたこの本が、私から読者のみなさんへのバトンとなって、人生の物語をつむいでいく力になれば幸いである。

そねともこ

2019 年 5 月の秋田旅

【著者紹介】

そね ともこ
1974年生まれ。
1996年より岡山県民主医療機関連合会に勤める（2018年退職）。
趣味は、旅、料理、映画鑑賞。

長久啓太（ながひさ けいた）

1974年生まれ。

1998年より岡山県労働者学習協会の専従者。現在事務局長。

著書に『ものの見方たんけん隊』『労働組合たんけん隊』（いずれも学習の友社）がある。

趣味は、読書、旅、映画鑑賞。

企画協力：全日本民主医療機関連合会、「民医連新聞」編集部

ひめは今日も旅に出る　ALSと一緒に

2019年7月1日　初版第1刷発行

著者　そねともこ、長久啓太
発行者　坂手崇保
発行所　日本機関紙出版センター
〒553-0006　大阪市福島区吉野3-2-35
TEL 06-6465-1254　FAX 06-6465-1255
http://kikanshi-book.com/　hon@nike.eonet.ne.jp
本文組版　Third
編集　丸尾忠義
印刷・製本　シナノパブリッシングプレス

Printed in Japan
ISBN 978-4-88900-972-9